Steinlen

Axel Eggebrecht
Katzen

Axel Eggebrecht

Katzen

Mit Illustrationen von
Théophile-Alexandre Steinlen

Arche

Der vorliegende Essay ist erstmals 1927 erschienen und wurde mehrfach überarbeitet.

1. Auflage August 1990
2. Auflage April 1991

Gestaltung: Max Bartholl, Frankfurt (unter Verwendung einer Zeichnung von Théophile-Alexandre Steinlen)
Satz: Uhl + Massopust, Aalen
Druck: Wilhelm Röck, Weinsberg
Bindung: G. Lachenmaier, Reutlingen
Printed in Germany
ISBN 3-7160-2116-4

Inhalt

Für Sybille Binder

Form

Das Wort *Katze* dringt in dein Gehörzentrum. Was für ein Bildüberfall geschieht da? Was fühlst du noch vor dem ersten Gedanken? Wie sieht die Katze in der platonischen Idee aus? Etwa grau, schwarz oder gefleckt? Nein, es ist da etwas Rundes, Weiches, Geschmeidiges. Denn dies ist kein Tier der Farbe. Alles Wesentliche an ihr ist Form. Eine herrliche, amoralische Leere liegt in ihren Augen, sie sind eisig, von beruhigend vollkommener Kreisrundung oder abgemessenem Oval. In diesem geschlossenen Körper drängt kein Knochen sich bis zur Bemerkbarkeit vor, er ist höhlenlos gerundet, so ungotisch wie möglich. Diese Unproblematik erklärt vielleicht manches von der Gleichgültigkeit, mit der die problemseligen, formverachtenden Deutschen die Katze behandeln, im Vergleich zu anderen Völkern. Den Ägyptern aber, die zur Form beteten, mußte dies Tier heilig sein.

Und dieser Körper, rätsellos und rätselhaft glatt zugleich, gehört dem abgründigsten un-

serer Tiere, in dessen unverständliche Seele wir nicht eindringen. Wir selbst sind verkrümmt vor schlechtem Gewissen. Die Tiere um uns verkümmern unter dem unnatürlichen Zwang unserer sittlichen Vorschriften. Die Katze blieb als letzte, göttliche Inkarnation der Morallosigkeit, sie gehorcht nicht, sie hält nicht viel von Treue, der Fleiß ist für sie noch nicht erfunden – und sie ist herrlich schön wie am ersten Tag, noch ganz vollkommen, gesättigt in ihrer Trefflichkeit, ein kleiner Löwe. Mit Zuchtversuchen hat der Mensch ein paar absurde Farbtöne und Mähnenspielereien herausbekommen, aber diese armen Katzenrassen verlieren das Gehör und werden rasch unfruchtbar. Sie können sich an die Versklavung nicht gewöhnen.
Die Katze liebt und pflegt ihren Körper, sie liebt ihr Leben, das wunderbar klar und sicher sein muß, sie verteidigt es mit der Zähigkeit, die wir im Sprichwort an ihr bewundern. Zwischen Töpfen, Kissen und Süßigkeiten folgt sie schließlich doch einzig ihrem Instinkt. Das Pferd springt auf den Sporenschlag in den Abgrund, der Hund kuscht dem

läppischen Kretin unter die Peitsche, aber die Katze läßt sich nicht von der mildesten Herrin das Naschen abgewöhnen. Hunde freuen sich ihrer Dressur, ihrer Nützlichkeit, führen sie unaufgefordert vor; eine abgerichtete Katze ist ein Greuel, eine Schändung der Kreatur, die einem Tränen der Wut in die Augen treibt. Der vollkommenen Bildlichkeit einer Katze ist ein spontaner, einhelliger Erfolg sicher, wenn sie sekundenlang durch den Film gleitet. Über bizarre Affenmenschchen wird gekreischt, wilde Pferde jagen Schauer der Erregung ins Parkett, die abnorme Silhouette eines Kamels schreitet zehnmal absonderlicher als im Leben über die Leinwand. Aber da erscheint eine Katze, in den tausend Zuschauern rauscht ein kleiner, heller Lärm auf: hörbare, reine, nutzlose Freude, Befreiung, sie spüren, daß nichts diesem Tier an Bildvollendung gleichen kann. Und vor unseren tiefbefriedigten Augen erfüllt sich das problemlose Glück der Wohlgeratenheit.
Das edle Wesen der schönen und ihrer Form bewußten Katze kommt so recht erst zum Vorschein, wenn sie im Unglück, verlassen

und verstoßen ist. Noch die letzte Müllkatze möchte sich sauberhalten, putzt und glättet an sich herum. Der verlaufene Hund verkommt in Räude und Dreck. Es geht ihm wie dem Studierten, dem gepflegten Sohn bequemer Häuser, der in der Kaserne stets der Verlausteste war. Der Hund hat das Abitur der Menschlerei gemacht, in die Unabhängigkeit zurückgestoßen, geht er zugrunde. Die Katze aber ist eine anarchistische Aristokratin mit gesundem proletarischem *élan vital*. Sie hat etwas von allen Extremen menschlicher Ideale in ihrem Wesen, sie hat die natürliche Formvollendung, die uns verlorenging und die wir in allen unseren Extremen wieder suchen.

Weltgeschichte

Irgendwann einmal war der Mensch so lange Mensch, daß es ihm auffiel. Von da ab fühlte er sich als Ausnahmefall der Natur. Er wünschte, nicht länger Tier zu sein. Allein unter allen Gewachsenen und Gewordenen wollte er erschaffen sein.
Die Geschichte der Religionen ist, so kann man's betrachten, eine Historie der menschlichen Überheblichkeit. Die Dämonen der Primitiven (und gewiß auch die der Zivilisierten) spiegeln diesen Hochmut. Dann gibt es Götter, und sie werden zu Bürgen des wachsenden Größenwahns. Als Monotheist endlich fühlt der Mensch sich als unumschränkter Monarch aller Tierwelt.
Die laut gepriesene Allmacht der Götter und gar des Gottes war, was immer sie sonst sein mag, jedenfalls eine moralische Rückendeckung, die dem zweibeinigen Feigling manche Gemeinheit erlaubte. Wie mir Gott, so ich dir Tier: eine fest eingelernte, schlimme Algebra des Gewissens.

Es mag umstritten bleiben, ob wir uns Tiersklaven zuerst als sakrale Alibis hielten oder um des Nutzens willen; immer gingen schließlich Utilitarismus und Religiosität den gleichen Weg. Der Mensch sicherte sich und erhöhte sich zugleich gegenüber allen Mitgeschöpfen. Angefangen hat es mit Hund und Pferd, den Jagdhelfern. Bequemer als Nahrung und Kleidung zu erkämpfen, war es dann freilich, wenn man die fleißigen Erzeuger zu Hause in Ställen auffütterte und zu emsiger Ergiebigkeit anhielt. So wurden Rind, Schaf, Huhn und Schwein lebendige Vorratskammern. Endlich, lange nach den tragenden, jagenden, wachenden, milchenden, wolligen und eierlegenden Tieren, erscheint als spätester unserer Gefährten die Katze.
Sie als einzige ist offenbar nicht allein um eines Nutzens willen unterworfen worden. Aber eigentlich ist sie überhaupt nie unterworfen worden. Als einziges Raubtier hat sie sich zur Gemeinschaft mit dem Menschen herbeigelassen. Keinesfalls verdankt sie ihre Zugehörigkeit zum Menschenhaus der Mäusejagd.
Mäuse werden erst in späteren Kulturen mit

großen Städten wirklich zur Plage. Und tausendjährige Städtekulturen sind ohne die Katze ausgekommen. Kreta und Mykene hatten eine Mäusewehr von Wieseln.

Nein, die Gewöhnung der Katze an uns scheint die Folge einer gelegentlichen, zufälligen Bequemlichkeit gewisser ägyptischer Kultusbeamten zu sein. Das ist eine merkwürdige Geschichte.

Je sorgloser der Mensch den Herrn der Erde und aller seiner Tierdiener spielte, desto unheimlicher war ihm die einsame Würde der großen, freien Raubkatzen. An allen Punkten der bewohnten Welt wüteten sie als unerbittliche Rächer für den Abfall von der Natur. Wie an Niger und Euphrat vor dem Löwen, so zitterten am Ganges und Hoangho Mensch und Menschenvieh vor dem Tiger; am Missouri vor dem Puma, am Amazonas vor dem Jaguar, in Java vor dem Panther. Der ansässige und monarchenfromm gewordene Mensch begriff diese Unversöhnlichen als Könige im Reich der Tiere. Er bot ihnen Sitze in seinem Götter-Pantheon an, um sie milde zu stimmen.

In Ägypten hieß die Löwengöttin Bast oder Bastet. Sie hatte ihre eigene Stadt Bubastis. Der Sinn des Nilvolkes nun war auf sichtbare Form und Dauer gerichtet; doch verlangte es ihn nach steter körperlicher Gegenwart des göttlichen Tieres. Die Bastet-Priester hatten es schwerer als ihre Kollegen vom heiligen Apis-Stier; die angebetete Löwin war ein wesentlich unbequemerer Kultusgegenstand, sie machte manchmal mit ihrer Göttlichkeit ernst und frühstückte ihre Diener, statt sich von ihnen beweihräuchern zu lassen.
Dann machte eines Tages – es mag so ums Jahr 2500 gewesen sein – ein gewitzter Löwenpriester einen Feldzug nach Nubien mit, vermutlich mit dem Auftrag, neue Göttertiere zu importieren. Dort unten lernte er nun ein kleines, gelblich-fahles Tier kennen, sehr ähnlich einer jungen Löwin, aber sanft und leicht zu streicheln und zu hätscheln. Sie stellte sich mit leiser Stimme vor: *Maumi*. So wußte er also ihren Namen. Der Schlaue nahm eins von diesen bemerkenswerten Wesen mit und führte es bei der nächsten Synode vor. Alle Kollegen waren begeistert. Es erging schleu-

nigst eine Bulle, und der unhandliche Löwe wurde ehestens durch eine neue Göttin von praktischem Miniaturformat ersetzt. Man weiß, daß solche leichten Abwandlungen alter Glaubensvorschriften mit besonderem Eifer betrieben werden. Mit der größeren Bequemlichkeit wuchs die Inbrunst der frommen Diener. Bald sah Mau-mi sich vom Geruch einer ganz ungemeinen Heiligkeit umhegt und geschützt. Ihre erste nähere Bekanntschaft mit dem Menschen war also ein Schwindel. Wer sie als Vorbild der Falschheit verleumdet, erinnere sich bitte daran.

Von diesen ersten nubischen Falbkatzen stammen alle Hauskatzen der Erde. Die Wildkatze, in Europa und Asien heute noch frei lebend, scheint unbeteiligt. Die neue Gefährtin war und blieb mancherlei Mißdeutungen ausgesetzt. Als sich der Boden des Nildeltas mit Hunderttausenden von Katzenmumien gefüllt hatte, kam die Zeit der phönizischen Welthandelsherrschaft. Die Leute aus Tyrus kauften und verkauften alles; entsprechend holten sie sich ihre religiösen Attribute zusammen, wo sie sie herbekamen. Die weiche, sinnliche Kleinlöwin erschien ihnen als treffliche Begleiterin für ihre liebe Frau Astarte. Da diese sympathische und aufgeschlossene Dame ein wesentlicher Exportartikel der kundigen Seefahrer war, überall gern gekauft und den jeweiligen nationalen Bedürfnissen entsprechend leicht gefärbt, kam die ahnungslose kleine Nubierin in einen teils angenehmen, teils zweifelhaften Ruf, der ihr nachmals bitter schaden sollte.

Denn es siegte ja, wiederum Jahrhunderte später, der Christengott über Isis und Astarte. Dieser Gott aber, der den Menschen tief vor seiner Allmacht in den Staub drückte, erhöhte den von ihm Erlösten allein hoch über alle Kreatur. Wo diese sich nun gar vermessen hatte, mit ihrem Körper falschen Göttern zur Behausung zu dienen, wurde sie erbarmungslos verfemt und verfolgt.

Die sanfte, spielerische Dienerin Astartes war zum verdammten Teufelskind geworden. Ihr Mangel an Fügsamkeit, ihre Geilheit, ihre zwischen Kirchen und Klöstern immer noch unbekümmert wilde Naturnähe, das waren lauter Schuldbeweise für die Eiferer eines

neuen Glaubens, der sich von aller heidnischen Natur so heftig abwendete. Seit damals und bis heute gilt sie als Tier der Zauberer, der Hexen, als minder, verdächtig und verworfen. Sie ist, alles in allem, wohl geduldet, aber nicht erwünscht.

Besser ging's ihr im unchristlichen Osten. Mohammed nannte sie sein Lieblingstier. Einst soll er, als der Muezzin zum Gebet rief, einen Ärmel seines Gewandes abgeschnitten haben, um eine darauf schlafende Katze nicht zu wecken.

Um diese Zeit kam sie auch nach China und dann wohl nach Siam; dort kam jene Spielart mit der frechen schwarzen Maske und den eisblauen Augen unerwartet noch einmal zu sakralen Ehren.

Erst die Kreuzfahrer, zugleich fechtende Apostel und kommerzielle Piraten, brachten die hübsche Kleine mit in ihre Schlösser an der Loire und am Neckar, gleich anderen morgenländischen Kostbarkeiten. In unseren früheren Gesetzbüchern lesen wir, daß damals ein Katzenleben viel Geld wert war; den Gefallen taten die feudalen Herren dem Schoßtier ihrer Damen schon, aller Teufelsverfemung zum Trotz.

Indessen, noch immer stehen wir im Banne jener frühchristlichen Umdeutung. Der gute, gedankenlos agnostische Durchschnittsbürger von heute mag Katzen genausowenig leiden wie ein Urchrist. Um so inniger aber haben die großen Gottlosen, die Propheten des nackten, zärtlich-grausamen Lebens sie in ihr Herz geschlossen. E. T. A. Hoffmann, Poe,

Flaubert und Gautier besangen sie als unvergleichliches Kleinod. Auch manch ein großer Gläubiger stimmte in diesen Chor ein, so Thoreau und T. S. Eliot. Sie alle erkannten in ihr die mahnende Künderin eines wahren, ursprünglichen Realismus. Und der mild zweifelnde Rilke schrieb jenen schönsten Katzenhymnos in zwei Zeilen: *La vie plus un chat – ce qui donne, je vous assure, une somme énorme!* Das Leben und dazu eine Katze: Das gibt eine unglaubliche Summe, ich schwör's euch!
Vor ihr entlarvt sich unser Charakter. Wie sie im Laufe ihrer Bekanntschaft mit uns von einem Humbug in den anderen geriet, so haben wir noch immer nicht gelernt, frei und unbefangen mit ihr umzugehen. Dabei hat sie so viele gesellschaftliche Gaben. Sie besitzt eine natürliche Ironie, die das Zusammenleben mit uns vermutlich überhaupt erst erträglich macht. Dies ungezähmte Wesen läßt sich eher großmütig herab zum Gesellschafter von alten Jungfern und Sonderlingen, als es sich gleich Hunden und Kanarienvögeln dem schablonenhaften Lebenslauf der Erfolgreichen anbequemt.

Sie ist, alles in allem, eine Persönlichkeit, das Unbeliebteste also, was es gibt. Sie ist zäh, nie zu verblüffen, mit kompaßsicherem Ortssinn begabt, zärtlich nur aus freiem Entschluß, gierig, unbestechlich und fruchtbar. An lauter verlorene und verdorbene Gaben erinnert sie uns, oder an solche, deren sich zu schämen man uns gelehrt hat. Vor ihrer kräftigen Anmut hat jeder Empfindende eine Art ehrfürchtiger Scheu. Und in allen Sprachen (den Zeugnissen unterbewußter Ehrlichkeit) gilt der Name des elend-treuen Hundes als arges Schandwort – *Katze* aber sagen wir mit dem ärgerlichen Unterton eigener Hilflosigkeit, eher als Anerkennung des Respekts und der Distanz, zu einem andern, zu einer andern.
Sie bleibt der Ausnahmefall in unserer durchorganisierten Welt. Wenn der Schrei ihrer Kampfliebe unsere polizeilich geregelte Nachtruhe bricht, werden die grauglatten Mauern unserer Städte wieder zum Urwald. Der Hund ist ein armer Teufel von *dégénéré*. Das Pferd muß seine verkümmerten Hufe beschlagen lassen und trägt eine Trense. Hühner und Enten sind nur noch Mißbilder freier

Vögel. Sie aber, heute dieselbe wie einst, gleitet hindurch zwischen allen Lücken unseres undichten Daseinsgefüges, taucht auf und verschwindet, wie sie mag, unfaßbar und unhörbar. Wenn sie über den Weg des Spießbürgers, des Businessmannes, des grübelnden Bummlers springt, schrickt er auf. Ihr Schatten gilt als bedrohliches Omen. Und nicht zu unrecht: Die platte Straße des eitlen, müden, rasierten, plombierten, ondulierten, elektrifizierten, konfektionierten Menschen kreuzt zum letzten Male die Spur der verlorenen Natur.

Dasein

Des Menschen Leben währet bekanntlich siebzig Jahre, und wenn es hoch kommt, so sind es achtzig Jahre, und wenn es köstlich gewesen ist, so ist es Mühe und Arbeit gewesen. Auf der Seligsprechung der Arbeit bestehen Hammurabi und die Bergpredigt so gut wie Marx und Shaw.

Doch entgegen dieser anerkannten Vorschrift sehnen wir alle uns insgeheim nach dem Garten Eden, nach göttlicher Untätigkeit. Dem so laut gepriesenen Arbeitsethos steht unser eingeborenes Verlangen nach totaler Faulheit fortwährend im Wege. So entsteht die bedenklichste aller Lebenslügen. Aus dieser Ur-Verdrängung erwächst geradewegs jenes berüchtigte Unbehagen in der Kultur, das freilich so ziemlich die gesamte neuere Dichtung hervorgebracht hat. Jedermann wird aber zugeben, daß ein Dutzend glanzvoller Dramen und Romane mit dem Elend von Milliarden Menschen zu teuer bezahlt sind.

Das Leben der Katze hingegen währet zwölf

Jahre, und wenn es hoch kommt, so sind es siebzehn Jahre, und wenn es köstlich gewesen ist, so kannte es weder Mühe noch Arbeit. Und es ist immer köstlich.
Katzen kennen das Geheimnis, wie sie mit uns leben können, ohne an unserer Mühsal teilzuhaben, sie ganz allein. Pferd, Hund, Rind und Lama haben wir in unser Mißgeschick hereingezogen, nun müssen sie den Fluch mittragen, der Adam traf. Eine Katze aber nimmt nichts an, was ihr nicht von Ursprung und Anbeginn eignet. Unsere Wohnungen sind für sie ein angenehmes Stück Natur, man kann darin bequem und warm hausen, weshalb das nicht nutzen? Aber unsere Ordnungen, unsere Pflichten, alle Spielregeln unserer Moral, die gehen sie nichts an. Die Phantasie eines französischen Schriftstellers hat, uns zum Trost, den Mann erfunden, der durch Mauern gehen kann. Katzen sind wirklich und wahrhaftig *passe-murailles,* Wesen, die unbekümmert durch die festen Wände unseres Daseinsgefüges hindurchspazieren, als seien sie Luft.
Und sie tun's ganz ohne Ziel und Zweck. Sie leben uns vor, daß es dies gibt: Dasein ohne

Handeln. Sie verkörpern ein uns verlorengegangenes Gleichmaß, welches der Buddhismus am deutlichsten von allen Religionen zu erstreben rät. Recht betrachtet ist jede Katze ein kleiner bepelzter Missionar Gautamas. Nur achten wir dessen nicht.

Selbstverständlich bedeuten Katzen viel mehr als Exempel für eine Menschenlehre. Sie sind. Sie existieren. Darin ist alles einbegriffen. Monsieur Sartre sollte sie genau studieren, denn eine lediglich von Menschen gezogene, auf den Menschen bezogene Existenzlehre muß brüchig bleiben. Sind wir unseligen Kausal-Kreaturen doch mit der Tantalusqual geschlagen, am Dasein allein kein Genüge zu finden. Wir wollen uns unaufhörlich beweisen, daß wir da sind: durch Taten, seien es nun Kriege, Kaufverträge oder Philosophien. Und dadurch ist die heilige Unschuld des Seins schon getrübt. Keine Ethik vermag sie wieder zu klären. Eine Ahnung davon schwingt bei den tiefsten Denkern von jeher mit. Daß sie sich um Erkenntnis bemühen, ist schon Schuld. Sie wissen's. Doch keiner entrinnt dem Zirkel.

Indes, für den einzelnen ist es wohl hie und da möglich, sich durch ein Bad im Meer des unbewußten Seins zu reinigen, zu stärken. Der Zivilisierte, der Städter, der Technikmensch vermag sich freilich nicht mehr in den Stand der Einfalt zu versetzen. Aber er kann zum Beispiel mit Katzen leben. Dann wird er ganz von selber dazu gelangen, sein übergrelles Weltbild ein wenig abzuschatten (ungefähr so wie ein guter Kameramann das Gesicht der alternden Diva *softet,* mildert, enthärtet). Richten wir die Linse dieser großen klaren Augen auf unsere unvollkommene Welt und auf uns selbst, auf Seele, Herz und Hirn, auf Historie und Poesie, ja lassen wir auch jene Bindungen an ein unbekanntes Höheres nicht außer acht, um die wir so schmerzvoll bemüht sind.

Ich will damit sagen: Lernen wir ein wenig vom unbestechlichsten unserer Lebensgefährten. Leben wir mit Katzen nicht, weil sie Mäuse fangen, sondern weil sie uns zum Ursprung zurückführen können, wenigstens ein Stück weit.

Ja, da sage ich nun so einfach: lernen ... Da

haben wir's. Der Mensch rennt, eben weil er Mensch ist, alsbald wieder in den Kreis seiner Irrtümer zurück. Katzen lernen nichts. Katzen schreiben auch keine Bücher (von manchen Hunden und Hühnern ließe sich das ganz gut vorstellen). Sie säubern sich ohne Spiegel. Sie kennen keine Reue. Das Leben rinnt durch sie wie Sand durch eine Kinderhand.
Ihrer ernsten Verspieltheit sollten wir Nutztiere zuweilen unsere ruhige Ehrfurcht widmen. Es ist nicht leicht. Mir gelang es selten, und doch hatte ich Gelegenheit von Jugend auf. Sie saßen in meinem Knabenbett, sie tobten in meinem Atelier, als ich fünfundzwanzig war und sie zu beschreiben begann, sie waren mit mir verschüttet unter den brennenden Trümmern und wurden mit uns gerettet. Und noch heute – jetzt, in diesem Augenblick, sehen sie mir mit kühler Herablassung zu, wie ich, ein irrender Mensch, mich anstrenge, etwas über sie aufzuschreiben. Gerade dafür müßte ich mich bei ihnen entschuldigen, wenn sie einen so umwegigen und schiefen Vorgang verstünden.
Doch von alledem wissen sie nichts. Sie stehen

darüber. Unsere Skrupel erreichen diese kleinen Götter nicht. Mir aber bleibt nur die Einsicht, soeben ein echtes Dilemma erlebt zu haben: Diese Zeilen verleugnen durch ihre Niederschrift recht eigentlich, was sie sagen sollen.

Paradies

Mitten im Stillen Ozean liegt ein reich bewachsenes Inselchen, auf dem kein Mensch lebt. Früher (so erzählt die Amerikanerin Lucille Beckhart) war sie bewohnt und bebaut. Dann scheiterte einmal draußen am Riff ein Schoner. Die Matrosen retteten sich an Land, zugleich mit ihnen aber auch Hunderte von Ratten. Die vermehrten sich so rasch, daß es bald kein Mensch mehr auf dem Eiland aushielt. Die Bevölkerung floh. Ungeerntet fielen die Kokosnüsse von den Bäumen.
Die zuständigen Behörden versprachen nun die Insel demjenigen, der die Invasoren vertreiben könne. Einer versuchte es, indem er ein paar hundert Katzen in Körbe packte, hinbrachte und aussetzte. Nach einiger Zeit waren die Ratten wirklich vertilgt, die Katzen fett und lustig. Triumphierend nahm der neue Herr sein Territorium in Besitz und begann, fleißig Kopra zu ernten und Hühner zu züchten.
Doch nun gab's mehr Katzen als einst Ratten.

Und mangels anderer Beute sahen die Sieger es als ihre Pflicht an, die Hühner auszurotten. Was tun? Sollte man neuerlich Ratten importieren, um den Katzen eine sinnvolle Aufgabe zu stellen? Der gute Mann ließ sich auf diese Schraube ohne Ende gar nicht erst ein. Resigniert verließ er die Insel für immer.

Und nun sind sie dort ganz unter sich. Wie es heißt, traut kein Eingeborener der Nachbarinseln sich mehr ans Ufer, wo (wie Frau Beckhart uns anschaulich schildert) »knurrende, fauchende Wesen geduckt am Ufer sitzen, bereit, ihr Reich zu verteidigen«.

Wovon leben sie? Fressen sie einander auf? Keine Sorge. Es sind ja keine Menschen. Ich denke mir, sie haben fischen gelernt, wie es ihre großen Verwandten so gut verstehen, Tiger und Panther. Und seit ich von ihnen las, weiß ich jedenfalls, wo ich mir das Paradies der Katzen vorzustellen habe.

Spiel

Dem großen Holländer Johan Huizinga verdanken wir die förderliche Einsicht, daß der Name *homo sapiens* für unsere Gattung doch nicht ganz so gut paßt, wie man einst gemeint hat. Auch als *homo faber* sind wir keinesfalls hinreichend gekennzeichnet. Wer den Gehalt unserer Handlungen bis auf den Grund des Erkennens prüft, dem mag der Gedanke kommen, alles menschliche Tun sei nur ein Spielen. So kommt Huizinga dazu, unsere Spezies endlich als den *homo ludens* zu definieren. Sogleich drängen sich ihm aber folgende Gedanken auf:

Spiel ist älter als Kultur. Die Tiere haben nicht auf den Menschen gewartet, daß er sie das Spielen lehre. Ja, man kann ruhig sagen, daß menschliche Gesittung dem Begriff des Spiels kein wesentliches Kennzeichen hinzugefügt hat. Alle Grundelemente sind schon da bei den Tieren. Sie laden einander ein, durch eine Art zeremonieller Haltungen und Gebärden. Sie stellen sich dabei fürchterlich böse, beachten indessen gewisse Regeln, und an all dem haben sie offensichtlich ungeheuer viel Spaß.

Es gibt aber, so sagt der Philosoph des Spielens, bei ihnen noch viel höhere, entwickeltere Stufen, echte Wettkämpfe und schöne Vorführungen vor Zuschauern. Diese gesteigerten Spielarten nun beherrscht sicherlich keines unserer Tiere vollkommener als die Katze. Man darf sie ein Genie des Spiels nennen. Alles an ihr ist Spiel. Sie lebt, sie lernt (und lehrt ihre Kleinen) spielend. Selbst wenn's um die Nahrung geht, spielt sie. So erklärt sich letztlich die vielberufene Mäusequälerei, über die wir uns oft entrüsten.

Aber grausam kann nur der sein, wer es bewußt ist, wer eine Hemmung davor überwinden muß. Die Katze kann nicht grausam sein. Mit naiver Kameradschaft betreibt sie alles: Jagd und Training und Pädagogik, am toten wie am lebendigen Objekt. Sie ruht in deinem Schoß und zeigt unerwartet die Krallen, als wolle sie neckend an die Gefahr erinnern, die in ihr schlummert. Da raschelt ein Papierknäuel, schon ist sie hinab und treibt den knisternden Ball mit raschen, präzisen Schlägen durchs Zimmer, nicht anders, als sie's mit einem Mäuslein täte. Sie kennt nicht den hundsmoralischen Unterschied zwischen Pflicht und Erholung.

Wir aber wissen, was wir tun. Uns sind keine Krallen gewachsen. Doch mit ruhigem Gewissen haben wir Daumenschrauben und Eiserne Jungfrauen erfunden und jene Strickpeitschen, welche der Witz jovialer alter Kapitäne Neunschwänzige Katzen taufte. Nur um sich zu zerstreuen, spannte der Infant Don Philipp

lebendige Katzen an allen vieren auf, hübsch nach der Stimmhöhe geordnet, die Schwänze in Drahthaken gepreßt; erging der müde Prinz sich auf dieser erstaunlichen Tastatur, dann erfreute ihn die Kontrapunktik kreischender Akkorde.

Des Menschen Spiele sind, fern allen pädagogischen Zwecken, oft unverhüllt und ganz bewußt grausam. Monte Carlo treibt den Gierigen dazu, sich lächelnd zu ruinieren und dann umzubringen. Auch Schwarzer Peter und Pfänderspiele sind so harmlos nicht; sie haben Regeln, die den Genuß an der Blamage des andern organisieren. Und niemand zweifelt im Ernst, für welche Instinkte tobender Zuschauermassen Boxer einander die Nasen brechen.

Es sind dieselben schlimmen Lüste, die durch unsere Erziehung teils eingedämmt und teils geschärft werden. Die angeborene Grausamkeit des Kindes ist inzwischen bekanntgeworden und wird ziemlich allgemein eingestanden. Nur wissen wir Erwachsenen nicht recht, ob wir uns dieser Anlage schämen oder stolz darauf sein sollen.

Dem bösen kleinen Menschenkind begegnet nun die Katze. Mit ihren scheinbar hingebungsvollen Gebärden verführt sie, mehr als andere Tiere, das Menschenjunge zu quälerischen Experimenten. Nicht nur vom bösen Friedrich im *Struwwelpeter* litten die Katzen große Not.

Die Geschmeidigkeit des Katzenkörpers, die aufreizende Gefahr der Krallen, die nicht zu übersehende Lockung durch einen ständig hin und her bewegten Schwanz, das alles sind unwiderstehliche Reize eines schrecklich aufregenden Spiels. Eines geheimen Spiels! Denn es rühmen Kinder sich später wohl, Hunde bis zur Tollwut geneckt und Fliegen die Flügel ausgerissen zu haben. Das gehört zu den kleinen Gemeinheiten, die mitgemacht zu haben keinen ernstlich schändet. Über Katzengeheimnisse aber wird mit der gleichen peinlichen Beharrlichkeit geschwiegen wie über Onanie.

Und für keine Tierquälerei gibt's, wie kennzeichnend, so viele Ausreden und moralisierende Beschwichtigungen. Es handele sich, so redet das Menschlein sich wohl ein, im Grunde um Gerechtigkeit, um Exekution an einem höchst naschhaften, diebischen und überhaupt unerlaubt ungebundenen Geschöpf. In solchen heuchlerischen Bastonaden und Hinrichtungen der Kinder offenbart sich schon die später ganz allgemein verbreitete, lüsterne Freude an der Justiz, an der gesetzlich erlaubten Befriedigung grausamer Triebe.

Warum wohl genieren sich so viele, als Katzenfreunde zu gelten? Weil in solcher Freundschaft eine allzu körperliche Beziehung deutlich wird, und weil wir alle ein schlechtes Gewissen haben. Das erleichtern wir uns immer wieder durch die freche Behauptung, die Katze sei das grausamste Geschöpf der Welt. Wir erheben Protest gegen das Mäusespiel. Ist da etwa Neid dabei? Wir als soziale Wesen dürfen uns dergleichen Exzesse allerdings nicht mehr erlauben, ohne sie durch diplomatische Aktionen, durch knifflige Gerichtsverhandlungen oder zumindest mit irgendeiner seelischen Raffinesse angestrengt vorzubereiten.

Wir können nicht mehr arglos spielen wie sie. Aber wären wir auch von Herzen rein und sanft in unseren Taten: Wie kämen wir dazu, den Katzen moralische Vorhaltungen zu machen? Sie werden ja von uns gehalten gegen die Mäuse. Und als Strategen dieser Ausrottung, die im nachhinein gewisse bedauerliche Ausschreitungen der kämpfenden Truppe mißbilligen, sind wir ebenso läppische Heuchler wie jedes imperialistische Hauptquartier.

Baby

Blind wurde die kleine Katze vor fünf Wochen geboren. Mit erstaunten Augen und laut brüllend erschien vor ebenso vielen Monaten das Baby. Jetzt liegen sie nebeneinander auf einem rissigen Holztisch in der pressenden Hitze der Julisonne. Die runde, wärmesichere Katze ist durchaus in der Welt zu Hause, in die das mißvergnügte, peinlich glatte Menschlein sich ausgesetzt fühlt.
Es ist noch gar nicht imstande, die Exilgenossin zu besehen, geschweige denn zu greifen. Die aber, nach ein paar knickerigen Kriechschritten, macht halt, der unsympathische Geruch und die hastigen Bewegungen dieses nackten Dinges da warnen vor näherer Bekanntschaft. Mit vor Entrüstung wild zitternden Beinchen macht sie kehrt.
Da wirft in einer plötzlichen Aufwallung das sonnengekitzelte Baby Arme und Beine um sich und kreischt los in der gleichen schwindelhaften Ekstase, mit der es dreißig Jahre später Gott, Krieg, Gerechtigkeit predigen

oder Partnern ein zweifelhaftes Geschäft einreden wird. Die vernünftige kleine Katze zuckt zusammen, schließt nervös die Augen, ganz und gar unverständlich ist ihr der Blödsinn eines Geschöpfs, das die natürliche, verwandte Wärme für einen Grund zu derartiger Aufregung hält. Mit solchen Hysterikern also wird man sich herumschlagen müssen, gut kann das werden.

Aber das weißliche Junge eines Geschlechts von Pessimisten, offenbar in die Welt gekommen mit der Erwartung zu frieren, hält die Sonne für einen würdigen Anlaß, zum ersten Male den dieser Tierart einzig eigentümlichen Ausdruck zu produzieren: das Pathos. Tief beseligt steht die Mutter dabei und ohne sich vor der kleinen Katze zu schämen.

Mutz und Pimsel

Ehe Mutz Mutz hieß, hieß sie Laura. Sie hieß so nach der wenig gut geratenen und einigermaßen verschollenen Tochter der Wirtschafterin Mädicke, die gleich ihr im Restaurant »Zum Schmalen Handtuch« beschäftigt war. Die Frau kochte eifrig von früh bis nachts. Laura war gegen die Mäuse da. Die gab's freilich gar nicht. Also galt ihr einfaches Dasein schon für eine hinreichende Beschäftigung. Aus den fetten Töpfen der – Mamsell genannten – Patronin blieb immer genug übrig, daß Laura schon in jungen Jahren zu einer feisten Kätzin herangemästet war. Im Gegensatz zu den meisten Bewohnern dieser Stadt Berlin war ihr ständiger Zustand eine ungestörte Sattheit, durch keinerlei Beschwerden erkauft als durch eine rasch zunehmende, ziemlich unproblematische Temperamentsverfettung. Von den Kämpfen und Liebesnächten ihrer Rasse ist nie die Kunde bis hinter den dicken Ofen gedrungen, wo sie zufrieden im Bouillondampf gebreitet lag und das, was ihr Welt schien, mit phlegmatischem Blinzeln zur Kenntnis nahm, weil sie zu faul war, die Augen ganz zu öffnen. Der Oberkellner Schnurbaum jedoch, in Katzen ebensowenig bewandert wie in Temperamenten, hielt dies Blinzeln für den Ausdruck eines bösartigen Wesens und Laura für einen Kater. *Der* Laura, der Laurer also, der Lauernde – das schien dem viven Berliner eine etymologisch wie charakterologisch höchst treffende Bezeichnung. Wenn er sich zur Mamsell zuweilen die Bemerkung gestattete: *er* laure ja heute wieder recht auffällig, dann gab sie ihm stets im gleichen, höhnisch-samtenen Ton zurück: *sie* sei eine äußerst brave Person. Und fuhr dabei der Beschuldigten mit fettigen Fingern über den ganz und gar schwarzen, durch kein gräuliches Härchen getrübten Pelz, der im unglaubhaften Glanz von Kunstseide strahlte.

Ein größerer Gegensatz zum Temperament der Katze Laura war nicht denkbar als das des Schriftstellers Meerfeld. Täglich um Mittag betrat er das »Schmale Handtuch« mit den schlenkrigen Bewegungen einer geradezu provozierend geäußerten Müdigkeit. Er war Rebell aus Anlage und Erfahrung. Die kleine satirische Wochenschrift, die er herausgab, verkaufte er selbst den ganzen Vormittag über auf den Straßen. Dann kam er, die Bank erklang von der Wucht, mit der er sich und sein Zeitschriftenbündel daraufwarf. In einer eigentümlich selbstzufriedenen Wut bestellte er seinen Klops.

Aufgewachsen war er einst bei ländlich biederen, unentwegt für ihr kleines Leben dankbaren Verwandten. Die wollten dem Jungen ihr Zufriedensein mit der ganzen quälenden Inständigkeit katholischer Kleinbürger einpflanzen. Das pferchte und preßte und nötigte und konnte die Flamme doch nicht ersticken, vor der sich die Guten fürchteten. Früh schon brach er aus der Enge, floh armselig ins Weite, schlug sich durch ein buntes Dutzend Berufe bis zu der geachteten, wenngleich immer noch hart an der Hungergrenze geführten Existenz als Schriftsteller.

Meerfeld dachte nicht gern an die Kindheit zurück. Nur eine einzige Erinnerung war ihm lebendig und gegenwärtig geblieben: die an eine kleine, schwarze Katze, an das einzige Wesen, das sich stets dem geordneten, betstubenzahmen Gang jenes Hauses entzogen hatte. Willkürlich kam und ging sie, fuhr teuflisch durch die schläfrigen Möbel, lebendiger Protest gegen die stumpfe Gewöhnung. Dem Nachsinnenden schien es später, als sei sie ihm damals schon wie das Versprechen einer besseren, ungebundenen Zukunft erschienen. In seiner Erinnerung wurde dieser dunkle Schatten einer Rebellion zu einem kleinen Fetischgott.

Wie mußte es also auf ihn wirken, als er – seit einem halben Jahr Stammgast der zweifelhaften, aber fetten Gerichte der Mamsell Mädikke – eines Nachmittags die ganz und gar schwarze Katze Laura durchs Lokal wandeln sah. Nun war die Brave freilich seinem wilden Idol so unähnlich wie möglich. Einem sonderbar bepelzten Mops gleichend, schlurfte sie langsam vorüber, ohne Ahnung ihres bedeutsamen Symbolwertes. Meerfeld aber lockte sie, griff sie, als sie nicht auf ihn achtete, versuchte ihre Zuneigung mit Streicheln und halblauten Worten zu gewinnen. Alsbald erbitterte ihn die Gleichgültigkeit des Tieres. Als sie vor seinem, heftig Gegenliebe heischenden Blick die Lider zukniff, gab es einen gar nicht so paradoxen Kurzschluß in seinem Rebellenhirn: In diesem Augenblick war es für ihn beschlossene Sache, daß dies trotzdem und gerade seine Gefährtin werden müsse. Schnurbaum wurde gerufen. Der Zufall ließ die Mamsell gerade an diesem Tag abwesend sein. (Jene ziemlich verschollene Tochter war aus einem Krankenhaus avisiert worden.) Der Ober war sofort bereit, sich für einen kleinen Geldschein eines minderen Wesens zu entledigen, vor dem er so oft Unrecht behalten hatte. So sahen an diesem Nachmittag die Flaneure des Kurfürstendamms ein sonderbares Schauspiel. Ein offenbar doch den gebildeteren Ständen angehöriger Mann bot mit lauter Stimme eine zweifelhafte Zeitschrift an. Einen Stoß der Hefte schleppte er mit dem linken Arm. Auf dem rechten aber trug er eine umfängliche schwarze Katze, die, über so unwürdige Verwendung sichtlich ungehalten, die Augen krampfhaft geschlossen hielt.

Für unnütze Formalitäten hatte Meerfeld nie viel übrig. Ohne lange Überlegungen nannte er die neue Kameradin Mutz, was ja ein auskömmlicher Name für eine Kätzin ist. Sie hauste mit ihm im fünften Stock eines bis zum vierten äußerst elegantes Hauses, in dem er schon seit je nicht sehr angesehen war, nun aber durch Mutz sich die ausgesprochene Antipathie des Portiers zuzog. Sie war sehr erstaunt, wenn der violettnasige Mann, in Filzpantinen über den Wäscheboden schlurrend, ihr im Vorübergehen schlecht gezielte, aber unverkennbar gehässig gemeinte Tritte versetzte.
Aber es gab nun überhaupt genug Zeit und Anlässe für sie zum Staunen. Nur machte sie nicht allzuviel Gebrauch davon, weil sie es mit allen anderen Temperamentsäußerungen vergessen hatte. Rasch gewöhnte sie sich an alles, auch daran, daß hier alles ungewöhnlich war. Anfangs versuchte sie, einfach ihr Schlafleben fortzusetzen. Aber hier war es kühler, viel Unruhe scheuchte sie tags und nachts auf, die dünnere Luft ohne Bouillonzusatz war beinahe stets in Bewegung. Und dann lernte sie

ein fremdartiges, surrendes Gefühl kennen: Hunger. Freilich war Meerfeld gewillt, alles mit ihr zu teilen, aber dieser guten Absicht stand oft nicht viel mehr als nichts zur Verfügung. Zudem blieb sie, nach jener einen straßenhändlerischen Eskapade, meist den größten Teil der Tagesstunden allein zu Hause, wurde nie mehr im Zeitungsvertrieb beschäftigt, war beunruhigender Einsamkeit überlassen.
Da änderte sie sich nun allmählich, weil ihr durch alle Unbequemlichkeiten nahegelegt war, sich zu ändern. Sacht und anfangs unentschlossen fing sie an herumzusteigen. Die pompöse Landschaft steiler Dächer wurde ihr bekannt, wenn auch noch nicht lieb. Hart, auf erschreckende Art gebrochen, stachen die Geräusche der Straße in ihr Ohr, das nur das gleichförmige Brodeln des Suppenkessels gewohnt war. Unruhig saß sie am Fenster, langsam wurden Spannung, Erwartung, Absichten in ihr lebendig, wurde sie wach, erfüllt von der immerhellen Bereitschaft zu Blick, Griff, Sprung, die ihre Rasse vor allen Wesen dieser trägen Erde auszeichnet.
Kam Meerfeld heim, nahm er sie gern zu sich

ins Bett. Seine hastigen Zärtlichkeiten, die sie anfangs erschreckten, wurden ihr rasch Bedürfnis. Langsam tauten ihre natürlichen Anlagen aus dem abebbenden Fett auf. Als der Körper auf seinen normalen Umfang zurückmagerte, war die starke und bewußte Seele der Katze erlöst.

In dieser Zeit heiratete Meerfeld, auf richtige, bürgerlich gültige Weise. Niemandem, und vor allem sich selbst gegenüber, glaubte er sich damit mehr zu vergeben, als er verantworten könnte. Nur Mutz, seine vorher einzige Gefährtin, schien einen Anspruch an ihn zu haben, den er nun nicht mehr richtig erfüllen würde. Gerechterweise verglich er ihre völlige Verlassenheit mit seiner Lage, die geschlechtliche Isolierung der Kameradin betrübte und bedrückte ihn.

Und das bestimmte die Wahl des Ziels für eine verspätete Hochzeitsreise: jenes salzburgische Dorf, den Ort der schwarzen Katze, wo er aufgewachsen war.

Mit einiger Mühe forschte Meerfeld dort einen kleinen schwarzen Kater aus, ein struppigstörrisches Biestchen, das bis dahin seine Ta-

ge in Busch und Feld zugebracht hatte und allem Menschenwesen ein mehr als bösartiges Mißtrauen zeigte. Aber gerade das beglückte Meerfeld tief und befriedigte ihn ganz. Und wenn auch nichts weniger feststand, als daß dies nun etwa ein Sproß jener einst auf symbolische Art rebellischen Katze seiner Jugendtage sei, so war der Phantast durchaus bereit, ihn als solchen anzuerkennen. In einem Korb, sehr gegen seinen Willen, machte der kleine Kater die Heimreise mit. Versuche der Annäherung wurden von ihm überhaupt nicht beachtet. Jeder gute Wille dazu verbrannte vor dem glühwütigen Blick des Eingesperrten. Nun kam alles auf die Begegnung und Bekanntschaft mit Mutz an.
Sorgfältig und würdig wurde dieser große Moment vorbereitet. Der neuangekommene junge Herr wurde in seinem Korb gegenüber einer Tür plaziert, durch die Mutz sogleich in feierlichem Aufzuge hereingeleitet werden sollte. Tür und Korb öffnen sich, die beiden tun jeder zwei, drei zögernde Schritte, starren sich mißtrauisch an, die schöne Zeremonie bleibt stecken, mit dem vollkommen über-

zeugenden Ausdruck ablehnender Fremdheit hebt man beiderseits den Kopf in arrogantem Ruck und wendet sich ab. Dann gehen sie lautlos voneinander weg. Der Kater zurück in seinen Korb, welches Wunder. Die junge Frau sagt: »So ein Pimsel!«

So hieß er also nun. Er war verbannt in eine ganz und gar nichtswürdige, gleichgültige, unbekannte, zweifelhafte Umwelt. Da hockte er, stundenlang unbeweglich, um plötzlich aufgeschreckt zu springen, zu fliehen, sich an einer anderen Stelle zu verkriechen.
Er war gewöhnt an den leicht faßlichen Waldboden, an die zuverlässige Rauheit von Felsen; nun erschreckten ihn die glatte Härte der Schieferplatten, die schwindelhafte Bröckligkeit der Betonflächen, die keinen Halt erlaubte. Heftige Farben und Lärme, nachts grellblendende Lichter jagten den Verstörten auf. Immerfort wollten Menschen ihn anfassen, waren erstaunt und lächerlich beleidigt, wenn er ihre zudringlichen Finger beiseite schlug. Nicht immer konnte er dem peinlichen Gekrabbel entgehen.

Vor allem aber war da diese Teufelin, an der alles einer Katze ähnlich war, Schwärze, Augen, Stimme und Krallen – und doch alles wie verdorben, schlecht riechend, böse, ein Spuk, ein Alb. Ein Ding, das sich täuschend als Katze ausgab. Schon von weitem fauchten sie beide in Wut und Haß voreinander. Die Krallen stellten sich auf, wenn eines das andere spürte. Pimsel wurde ein Zittern nicht mehr los. Saß er in den Winkel gepreßt, wo die Dächer sich schnitten, und es nahte die Verhaßte, dann sprang er in unerhörten, unbegreiflichen Sprüngen seitwärts, rückwärts, knapp an der tödlichen Straßentiefe hin.

Meerfeld kommt nach Hause. Grinsend tritt ihm der an der Nase opalisierende Portier entgegen, das Gesicht zum Platzen gespannt vor Schadenfreude: »Eben vorhin gab's 'n kleenen Knall, so, als wenn eener 'n Kartoffelsack absetzt. Ich jeh hin. Liegt da eene von Ihre Katzen. Hier is se.«

Um die Ecke. Da ist ein kleiner, formloser Haufen. Pimsel liegt da, entzweigebrochen, kaputt. Deutlich gesagt: geplatzt. Ein Restchen Atem bewegt noch die Überbleibsel. Dies konnte man nur noch auslöschen. Jeder andere hätte das auch getan. Aber Meerfeld war gewohnt, keine Situation so hinzunehmen, wie sie sich ihm aufdrängte. Er verlangte von dem erstaunten Portier einen Bogen Packpapier, wickelte unendlich vorsichtig den Rest Katze hinein, trug ihn Schritt für Schritt hinauf.

Alarm. Die Frau lief zur Apotheke, zum Drogisten, setzte Wasser auf. Schon legten sich um das leise jaulende Tier Decken, Umschläge, endlich preßten fünf feste Gipsverbände den zersprungenen Leib wieder zusammen: um den Bauch, um jedes Bein einer.

Dicht umwickelt lag das Bündel die lange Nacht über auf der Zentralheizung. Zwei Meter davor Meerfeld auf einem Sofa, für jeden Zwischenfall zur Hand.
Mitten in der Nacht fuhr er auf, erschreckt durch ein Geräusch. Licht: Da saß Mutz, die böse, faule, feindliche Mutz, und leckte dem Eingegipsten das gottergeben hingehaltene Gesicht.
Von diesem Augenblick an war die große Liebe geschlossen. Mutz verließ Pimsel nicht mehr. Streichelte, zerrte ihn zurecht, leckte ihn stündlich über und über, klaute ihm Fleisch, Bücklinge, legte ihm alles appetitlich zurecht, kaute ihm auffordernd etwas vor, bis seine Augen wieder leuchteten und er zu fressen begann. Schon schnurrte er wieder.
Nur kurze Zeit, dann konnte die dicke Gipsröhre um seinen Leib fallen. Ehe Meerfeld die vier Manschetten zerschlug, wollte Pimsel schon wieder laufen. Klappernd tapste er umher, die einzige Katze, die man je laufen hörte.
Vielleicht ist Seele doch nur ein Defekt? Erst als Pimsels Körper in die Brüche ging, ent-

stand das, was Meerfeld nachher immer seine Seele nannte. Knötchen blieben in seinem vielmal geknickten Schwanz, Höcker waren an den Beinen fühlbar. Aber mit tiefbesinnlichen Eulenaugen glotzte er vor sich hin, vergaß allem Anschein nach ganz, wo er saß, schnurrte auf ein Streicheln hin liebenswürdig und doch so, daß man deutlich merkte, er war nicht bei der Sache. In seinem weichen, unsteten Blick lag die müde Unrast eines Dostojewskischen Idioten.
Das wahre Wunder aber, die tiefe Metamorphose, hatte sich an Mutz vollzogen. Als tätige

Altruistin bewies sie, daß an den höheren Empfindungen denn doch sozusagen etwas war. Sie hielt den verdösten Gefährten zu allerlei nützlichen Unternehmungen an. Tags und nachts, nie mehr getrennt, stiegen sie umher. Weißbrote, Käse, ganze Beefsteaks verschwanden um diese Zeit aus den benachbarten Wohnungen, lagen – beknabbert, doch zum größten Teil unversehrt – auf dem Tisch der heimischen Küche, als Präsente gebreitet. Oft saß jetzt Mutz vor Pimsel, legte ihm gurrend die Pfoten um den Hals, gespreizt wie Hände und überhaupt ganz wie ein Menschchen. Sie schienen eine gehörige Portion Sentimentalität bekommen zu haben. Aber dann wieder taten sie, in ruhigster Sachlichkeit und doch hingebungsvoll erregt, morgens mitten auf dem Frühstückstisch miteinander, wozu Menschen die Einsamkeit ihrer Betten oder abgelegener Hotelzimmer aufsuchen.
Und eines Nachts lagerte dann Mutz fünf Kinder zärtlich auf der Brust der schlafenden jungen Frau ab.
Hier sollte wohl die Geschichte von Mutz und Pimsel in einen rührenden Familienroman

ausmünden. Aber die beiden Hauptakteure zeigten gar kein Verständnis für ein solches *happy end*. Erstaunt und ziemlich unwillig sah Mutz, was da zustande gekommen war. Noch in der gleichen Nacht verschwand sie auf Nimmerwiedersehen. Nicht einmal ihren allerliebsten Idioten hatte sie mitgenommen. Die Kleinen wurden mit Füllfederhalterspritzen voll lauwarmer Milch hochgepäppelt. Aber sie starben sacht und unaufhaltsam weg. Zwei von ihnen hatte Pimsel auf dem Gewissen. War es allgemeiner Katerhaß oder vermutete er in diesen nassen, unappetitlichen Dingern die Ursache seiner betrüblichen Verlassenheit: Er lauerte unablässig auf Gelegenheit zum Kindermord. Als er das vorletzte Junge erwürgte, wurde er verschenkt.
Das letzte blieb leben: Putz. Jeden Besucher des nun bedeutenden Verlagshauses Meerfeld & Co. begrüßt er auf der großen Freitreppe mit jovialem, ehrerbietigem oder erbostem Maunzen, je nach der Qualität des einzelnen. Er ist strenger als ein snobistischer Hotelportier, er ist hundertmal rascher arriviert als sein erfolgreicher Herr. Niemand

würde ihn in seiner großartigen Würde für eine armselige Waise, für den letzten Sproß verschollener Eltern halten, deren Felle vielleicht in diesem Augenblick vor der Tür einer bunten Drogerie wehen, um die vom gleichen Winde rheumatisch Durchblasenen zu heilbringendem Kauf anzulocken.

Wer Katzen schätzt, gilt leicht als Sonderling. Er fühlt sich aber auch selber als etwas Besonderes. Er ist, um ein neuerdings wieder modernes Wort zu verwenden, ein Nonkonformist. Er wünscht, nicht mit dem Durchschnitt der Meinungen zu gehen. Auch die Dichter sind häufig (wie ich glaube, sogar stets) ein wenig Nonkonformisten. Viele von ihnen lieben Katzen, weil sie da die Übereinstimmung im Nichtübereinstimmen spüren. Edmond Jaloux hat schön beschrieben, daß die Katzen Überfluß, Ungestörtheit und Lust brauchen – *luxe, calme et volupté.* Auch das haben sie gemein mit uns Schreibern, seien wir nur ehrlich. Leider lassen sich diese Wünsche in der turbulenten Menschenwelt immer schwerer befriedigen. Deshalb tut man Geschöpfe, die so etwas erstreben, als Phantasten ab.

Natürlich stimmt das nicht. Katzen und Dichter sind vielmehr die eigentlichen klugen Realisten. Sie durchschauen den Wahnwitz, die krankhafte Unwirklichkeit der sogenannten Tatsachenwelt. Daher hält man sie für nutzlos, während sie doch unentbehrlich sind: Salz des Daseins, das ohne sie schal schmecken würde. Zu allen Zeiten gehörten viele Poeten, Skribenten und bildende Künstler zur Katzenpartei. In dem hübschen kleinen Katzen-Kompendium des Monsieur Marcel Reney findet sich eine lange Liste solcher Parteigänger, von Montaigne, Chateaubriand und Delacroix bis zu Malarmé, Hokusai und der Colette.

In jüngster Zeit hat der Aristokrat T. S. Eliot *Old Possum's book of practical cats* veröffentlicht, Verse voll bewundernswerter Einsichten in die praktische Phantastik des kätzischen Lebens. Und der plebejische Barde des Broadway, Damon Runyan, feierte *Lillian,* das zugelaufene schwarze Kätzchen eines alten versoffenen Schauspielers; der schwärmt sie an: »Oh, du wunderschöner Panther du!« und bringt ihr bei, Milch nur mit Whisky verdünnt zu trinken. Bei ihrer gierigen Suche nach dieser lasterhaften Flüssigkeit wird sie schließlich, während eines Brandes, zur Lebensretterin eines Babys.

Vom Feuer, diesem urfremden Element, das alle Tiere fürchten, handelt auch jener Bericht, den Hans Erich Nossack über den Untergang von halb Hamburg in den Bombennächten aufgezeichnet hat. Da trifft er, inmitten der Ruinen und der Toten, plötzlich auf eine Katze: »Auf der Brust hatte sie eine tiefe Fleischwunde, und die Pfoten waren ihr verbrannt. Es lohnt sich, von den Katzen der Stadt zu reden. Sie waren nicht wegzulocken aus den Trümmern ihrer ehemaligen Wohnungen. Zwischen verkohlten oder noch schwelenden Balken schlichen sie umher und schrien vor Hunger. Die Menschen brachten ihnen etwas aus Mitleid, sie stürzten kreischend darüber her und fraßen es kampfbereit. Aber fassen ließen sie sich nicht, man mußte Gewalt und List anwenden. Die meisten starben trotz aller Pflege dann doch noch, vor Heimweh oder weil der Schrecken sie nachträglich aufzehrte.«

So haben wir es alle erlebt. Die Erinnerung daran gehört fortan, wir haben's verschuldet, zum Bilde der Katzenwelt. Und nun halte man diese innig-nüchterne Dokumentation neben jene unsterblichen acht Verszeilen, in denen der Erzpoet Baudelaire vor hundert Jahren die stilleren Schauer geheimnisvoller Verbundenheit mit seiner Katze beschrieb:

Quand mes yeux, vers ce chat que j'aime,
Tirés comme par un aimant,
Se retournent docilement
Et que je regarde en moi-même,
Je vois avec étonnement
Le feu de ses prunelles pâles,
Clairs fanaux, vivantes opales,
Qui me contemplent fixement.

Dialektischer Körper

Die Katze spielt mit ihrem Körper offenbar ebensogern und nur um der Geschmeidigkeit willen, um sich rege zu erhalten, um vor sich selber zu exzellieren, wie der Mensch mit seinem Verstande. An verzwickten Sprüngen und Kapriolen scheint sie einen ähnlichen Genuß zu haben, wie ihn uns die Erkenntnis eines *circulus vitiosus* oder die Lösung eines Kreuzworträtsels bereitet.
Unser sonderbar elastisches Hirn findet gerade in verzweifelten Situationen, in Enttäuschung und Melancholie einen Ausweg, eine Umdeutung, verschiebt das Gewicht, wie die Schlingertanks in einem Schiff. So überwindet, unterwindet, umschleicht, umbiegt der Katzenleib die unglaublichsten Hindernisse, verläßt springend eine scheinbar hoffnungslose Lage.
Dieser Eleganz, dieser Eloquenz eines geistreichen Körpers entspricht ihre differenzierte Sprache, die reicher ist als die irgendeines anderen Haustieres. Eine unabsehbare Skala

geht vom beginnenden Schnurren bis zum gellenden Kriegsruf nächtlicher Kämpfe, der wieder ganz anders von den Mauern abprallt als der durch Stein und Schlaf schneidende Wehschrei der wollustgequälten Katze. Dann wieder das leise Weinen der Eingesperrten, ihr heller, kurzer Ruf des Ärgers, das Fauchen der Wut, das unmittelbar aus dem gekrümmten Rücken zu kommen scheint wie das Sirren der Sehne aus dem gespannten Bogen. Endlich jenes konziliante, unverbindliche Gespräch aus Höflichkeit, am genauesten aufgezeichnet von Sinclair Lewis, der seine Katze *Gräfin Vere de Vere* sagen läßt: Mrwr, mrwr.

Auch die Faulheit der Katze ist von einer beneidenswerten Vollkommenheit, reglos, ungeheuerlich. Man kann in Schaufenstern Katzen beobachten, die stundenlang unbeweglich, schlechte naturalistische Attrappen ihrer selbst, vor sich hinstarren und durch nichts abgelenkt werden. Neben den vollen Flaschen im Fenster einer weißnüchternen Molkerei ahnt ein kleiner gefleckter Kater durchaus nichts von seiner Tantalusrolle.

Den Platz auf einem heißer werdenden Ofen

wird eine Katze unweigerlich erst im allerletzten Augenblick vor dem Gebratenwerden aufgeben, wenn der Geruch der eigenen angesengten Bauchhaare ihre Nase beleidigt. Aber aus diesem, wenn man so sagen darf, äußersten Exzeß des Phlegmas kann ein verdächtiges Rascheln im Nebenzimmer sie losschnellen wie eine Rakete, ein zufälliges, verwehtes Flöckchen verwandelt den beinahe gerösteten Haarkloß in einen Wirbel von rasendem Leben.

Kommt eine Katze in Erregung, begeistert sie sich am eigenen Körper, dann kümmert sie sich einen Schmarrn um ihre anatomische Zugehörigkeit zu den Wirbeltieren. Mit Muskeln und Knochen geht sie dann um wie ein Rabulist mit der Logik. Eben stand sie noch auf vier gestrafften Beinen, ein Hund auf Anstand. Aber schon wird aus der Spannung ein Zittern, Schrumpfen, Zusammenschmelzen. Jetzt liegt sie zu einer Kugel geschlossen, schneckenartig. Und plötzlich wächst ein Bein, ein unwahrscheinlich langes Bein hervor, ganz ungemein lang, scheußlich lang, länger als der ganze Körper je war: Ein abenteuerlicher Krake liegt in der Sofaecke. Aber alsbald, in die Klasse der Säugetiere heimgekehrt, wird sie auf den Hinterbeinen hocken, nicht um männchenmachend die Zufriedenheit des Menschen zu erbetteln, sondern um ihre geliebten Krallen sorgfältig am Stoffbezug eines Sessels zu wetzen.

Genuß

Was wir gern haben, das ist uns oft verboten. Und was verboten ist, das genießen wir deshalb so sehr, weil's untersagt ist. Es ließe sich eine lange Liste aufstellen: Faulheit, Völlerei, Unkeuschheit, Beständigkeit nur in der Untreue. Ach – und bei all diesen Fehltritten könnten wir, so scheint es, Astartes Dienerin, die liebe, zärtliche Katze, als Verführerin bezichtigen.
Sie ist das Tier ohne Moral schlechthin. Ganz offen und ungeniert mitten in unserer wohlgesitteten Welt spreizt sie sich und tobt, schläft und liebt und frißt und ahnt nicht einmal, daß Genuß unerlaubt sein könnte. Das macht sie so anziehend und verabscheuungswürdig in einem. Ja, das allein schon erklärt alle zwielichtigen Meinungen über diesen einen unserer Tiergefährten.
Trotz tausendfacher Wiederholung wird der Vergleich nicht banal, der uns die Katze als durchaus weibliches Tier empfinden, der uns der Frau mit dem zärtlichen Namen *Katze*

schmeicheln läßt. Durch seine Leidenschaft hingerissen zu liebevollen Bildern, sieht der Mann zwischen Maas und Memel in den obotritischen, mongoloiden und auch in den kreisrund-nordischen Augen seiner Liebsten nur zu gerne rätselhafte Katzenaugen. Doch nur die Erregung läßt ihn alle zoologische Erfahrung vergessen; nüchtern geworden, erinnert er sich zu spät, wie undankbar er eben gegen die sanfte, häuslich kluge Kuh gehandelt habe.

An Frauen wie an Katzen schätzen wir die besonderen Aufregungen der Ungewißheit. Nahe beieinander wohnen in ihnen beiden Zärtlichkeit und erschreckende Fremdheit. Wieviel widerspruchsvolle Eigenschaften stekken in der Katze: Sie ist füllig und doch geschmeidig, nah und unnahbar, sanft und schroff in einem, primitiv und raffiniert. Sommerabends im Prater ruft der Kommis sein Mädel: Katzerl. Wenn es im Grunewald der junge Arbeiter, in Jena der Student sagen, klingt's ein bißchen anders, aber sie meinen alle dasselbe. Sie wollen eine geheime, verworrene, eine beinah verbotene Steigerung ihrer selbstgewissen Gefühlchen. Es ist darin aber auch die heimliche Angst der behäbig gewordenen Seele vor der Zuneigung zu etwas, zu jemandem überhaupt.

Aus einem ähnlich zwiespältigen Gefühl heraus legt die alte Jungfer ihrem Kater ein Bändchen um den Hals. Mit der zähen Kraft ihrer Geschmacklosigkeit möchte sie die geliebte, die verhaßte Unabhängigkeit brechen. Und durch ein bißchen bunte Seide wird aus einem Stück Wildnis ein armseliges Paket. Im Französischen aber heißt die Vokabel *le chat.* Das macht uns zweifeln, ob unsere hergebrachten Vorstellungen von gallischer Erotik nicht völlig verkehrt sind. Unzuverlässigkeit und Fremdheit der Katze bieten offenbar dieser Nation, die doch so lange führend in der Welterotik war, keine Vergleichspunkte. Die Franzosen, von der internationalen Literatur nach ein paar Pariser Ausnahmen falsch eingeschätzt, wünschen sich mit Napoleon eine handfeste, kleinbürgerliche Liebe und gar nichts Abwegiges.
Längst ist die erotische Weltherrschaft Frank-

reichs gebrochen. In dreißigtausend Filmtheatern diktieren von Mexiko bis Bombay die amerikanischen Siegerinnen ihre neuen, verheißungsvollen Ideale. In ihrer Sprache aber hat das Wort *cat* ebensowenig wie irgendein anderes ein deutliches Geschlecht.

Es scheint da etymologisch jener eigentümliche biologische Prozeß vorgebildet, der aus *flapper* und *honeyboy* ein immer unbestimmteres Zwitterwesen macht. Doch in allen Kultursprachen gibt die Katze noch immer ihren Namen her als Deckwort für vaginale Gewagtheiten.

Da sitzen nun die Mondänen in der Proszeniumsloge des Lebens und glauben, alle erlesenen Genüsse zu kennen. Aber während ihnen eine süß-glatte Schokoladen-Katzenzunge im Gaumen zerfließt, haben sie keinen Begriff von der stachligen Rauheit der lebendigen Katzenzunge. Und weniger noch wissen sie von den Entzückungen, die sich die Katze mit diesem empfindlichsten aller Feinschmeckerorgane verschafft. Roh zermalmt und zerschneidet der menschliche Zahn die Nahrung. Die Griffzähne der Katze aber reißen

ein Stückchen Fleisch los, schieben es auf die Zunge, und dann wird es zerrieben, zerlegt, gelöst, so intensiv genossen, wie wir das mit unseren plumpen Werkzeugen nie vermögen.
Sexuell unmittelbar und wild, zeigt die Katze in vielen Gewohnheiten ihres Lebens die inbrünstige Sorgfalt eines Dandys. Sie ist von ständiger Sorge um ihr gepflegtes Äußeres geplagt. Sie wählt ihre Bissen mit der Ergiffenheit des Gourmets. Selten frißt sie im Stehen, lieber hockt sie sich geruhsam dazu nieder, wie der Wirbelnden und Raschen denn überhaupt im Gegensatz zum Hund die Gabe eignet, mit Anstand ruhig sein zu können.

Oft werden Blumen zum Anlaß blinden Entzückens für Katzen. Sie schnuppern und kauen daran, tragen sie viertelstundenlang im Munde herum, legen sie sorgsam auf Stühle und Schränke, scheinen einander damit förmlich zu beschenken. Sonst kümmert sich kein Haustier um Blumen außer den Bienen, aber die brauchen sie zu industrieller Verwertung.

Katzen nehmen sie, wie sie sind. Das ist ein beinah geheimnisvoller Beweis dafür, daß sie in unserer zweckzerfressenen Welt eine ästhetische Sendung haben müssen.

Heldentod

Am Houthoulster Wald war der tiefste Punkt der gedemütigten Erde. Alles Grauen floß da zusammen, rieselte unaufhörlich aus einem widerwärtigen Himmel herab, floß unablässig aus zerstörten Schleusentoren, quoll unaufhaltsam aus dem Bauch der sich zugleich entleerenden und unersättlich vollsaugenden Erde.

Das Grauen war die Nässe. Trockenheit wäre Seligkeit gewesen, unvorstellbare Beruhigung der aufgeweichten Nerven. Aber es gab nichts Trockenes. Das feuchte Brot schimmelte über Nacht. Die Rübenmarmelade trieb wuchernde Fruchtbarkeit gegen die Deckel der Blechbüchsen. Das Schlimmste war das schmierige Lederzeug, es wurde in der Feuchtigkeit wieder zu unappetitlichen Stücken toter Tiere, ein süßlicher Geruch ging davon aus, wie von den rings verwühlten Leichen.

Überall in Europa zischten die Geschosse, sirrten die Granatsplitter. Aber wo immer anderwärts es geschah, in Lothringen, Maze-

donien, der Ukraine, da durften die Bedrohten Rettung suchen bei der uralten Mutter, sie ließen sich fallen, sie lagen hingenietet und küßten die Erde.
Uns aber war nicht einmal dieser letzte Trost, diese kurze Zuflucht gegeben. Flandern war keine Erde mehr, Flandern war Brei. Hier war die große alte Mutter nicht mehr stark genug, uns zu tragen. Zu jämmerlichem Schlamm zerflossen, verriet selbst sie uns.

In dieser letzten Verlassenheit wurde uns unerwartet das Geschenk zuteil, trocken schlafen zu können.
Als wir in einer Nacht am vorgeschobenen Geschütz die Mannschaft ablösen, im Gänsemarsch zum befohlenen Punkt herantrotten, laufen wir aufeinander auf, machen einander aufmerksam, wildes Vergnügen reißt uns hin: Vor uns liegt ein Loch, ein trockenes Loch, ein überwölbtes Loch, zehn Meter lang, hohl, an den Wänden zwar rieselt es feucht, doch unten ist ein breites Lager von gelbem Stroh ausgebreitet, und ohne Zweifel werden wir heute hier schlafen.

Es war der Rest einer Bahnunterführung. Wie sich gleich herausstellte, stand sie freilich kniehoch voll Wasser. Aber unsere Vorgänger hatten Holzroste gebaut, auf die wir uns sogleich warfen. Drei Handbreit unter uns blieb das abscheuliche Element, dem wir für jetzt entgangen waren.

Nun schliefen wir alle vierzehn. Vierzehn warme, bunte Träume wurden geträumt: wie Kehlen wieder durstig sein können – wie Staub im Halse frißt –, wie Sonne die Kopfhaut dörrt, ungläubig strichen die Hände am trocknenden Stoff der Uniform herum.

Nun brannte mir schon die Schläfe, schon keuchte ich im mehligen Nebel einer endlosen Chaussee, erbarmungslos wirft sich eine trokkene Hitze auf mich, die Dürre ist schon kein Glück mehr. Da, zur rechten Zeit, berührt mich ein Finger, ein kühler Finger, ein Stückchen Schlange ist es, eine dunkle, gefährliche Frau hat ihren Zeigefinger im Munde benetzt, fährt nun damit über meine Kehle. Ich fahre auf:

Über meine Beine läuft ein schweres Tier fort, wirft sich vom Holzrost klatschend ins Wasser. Ein spitzes, dunkles Tier, das ich nicht kenne, rennt aus meinem Traum weg ins Wasser. Einer sagt laut in der Ecke: »Pfui Teufel – Ratten.«

Es wurde die Nacht der tiefsten Verzweiflung. Eine Stunde lang waren wir geborgen gewesen. Doch aus der entsetzlichen Flüssigkeit, die unter unseren trockenen Träumen lag, stiegen die Tiere, setzten prahlerisch ihr Gewicht auf unsere Schenkel, zogen die glitschigen Schwänze über unsere Münder. Warfen den Kaffeekrug um, knabberten am Brot. Wir hängten es in einem Sack an der Betondecke auf, unserer lieben Decke, die uns den Himmel fernhielt. Aber kaum legten wir uns, fing das Laufen und Wischen von neuem an, zu dritt, zu sechst sprangen sie nach dem begehrenswerten Beutel, fielen mit kleinen, schauerlichen Knallen zurück ins Wasser, das über uns spritzte.

Nun blieben ein paar von uns wach. Sie vertrieben sich den Schlaf mit Schauerberichten von Ratten, die Kindern die Hände, Kälbchen die Augen weggefressen hätten, von Pest und Cholera. Plötzlich schwieg der Erzäh-

ler, er hatte am Ende des Lattengerüstes ein spitzes, boshaftes Gesicht gesehen, das mit Knopfaugen sein Einverständnis zwinkerte. Ein Revolver knallte zwei-, dreimal los. Wir fuhren auf, stießen einander im süßlichen Dampf umher und hinaus aus der Höhle. Von draußen begann ein wildes, befreiendes Schießen. Als wir nach einer Viertelstunde wieder hineinkamen, war unser Lager mit Kalkbrokken übersät, aus zwanzig Löchern des baumelnden Beutels quoll kümmerlich das Brot. Im Wasser trieben zwei schmutzig-silberne Bäuche. Wir schmissen die Dinger hinaus.
Doch es war alles sinnlos. Nach einer Viertelstunde kroch über meinen bleiern erneuerten Schlaf wieder das ekelhaft bekannte Gewicht. Aus Angst versuchte ich, nicht aufzuwachen, während ich doch längst schon wach war. Kniff die Augen zu, lag ohne Atem. Bis mein überreiztes Rückenmark den Körper von selbst aufrichtete. Ich tappte hinaus, warf den Mantel über mich, hockte den Rest der Nacht im Regen, ausgestoßen aus dem Paradies der trockenen Träume.
In einer der nächsten Nächte sah der Freiwil-

lige Moogk, auf Wache hin und her patschend, im ungewissen Schein ferner Leuchtraketen ein unkenntliches Bündel seitab in Bewegung. Er lief ihm nach, sah es in Zickzacksprüngen fliehen und verschwinden in den Trümmern des ehemaligen Kreuzwegwirtshauses *Vijfwege,* drei gestaltlosen Ziegelhaufen. Dem Nachstarrenden leuchteten für einen Augenblick noch zwei grünliche Lichter. Plötzlich machte er kehrt, so schnell der Lehm ihn von der Stelle ließ, warf sich in die angelehnte Brettertür unseres Schlupflochs und stöhnte uns mit heiserer Stimme die große Kunde zu: In Vijfwege sei eine Katze.

Drei Minuten später stolperten wir alle in den Ziegeltrümmern umher.

Jahre vorher hatten hier, in Novembernächten wie dieser, durchnäßte vlamische Fuhrleute eilige Schnäpse in die verkühlten Gurgeln geschüttet. Vielleicht stießen sie an der Tür des Estaminets, unter Flüchen auf die Heilige Jungfrau, mit ihren Schmierstiefeln nach der kleinen Katze, die herein wollte, die ganz wie sie die dunkle Nässe nicht liebte. Sie sprang an ihnen vorbei in den vertrauten Dunst des

Flurs, entschlossen, sich durch keinerlei Gewalt abschrecken zu lassen. Sie blieb auch, als Hunderte von Granattreffern den Gasthof auseinandergehauen hatten. Verwildert hetzte sie, wie einst unter den Johannisbeerbüschen des Gartens, nun unter wankenden Trümmern, unter den aufschießenden und hinprasselnden Schlammbäumen der Geschoßeinschläge umher. Aber sie ließ sich nicht vertreiben. Und als nun über die Reste des menschlichen Hauses vierzehn Menschenschatten heranwankten und mit unbeholfen freundlichen Zurufen lockten, wie wenn alles wieder gut wäre, preßte sich das Tier in den tiefsten, unzugänglichen Spalt seines Labyrinths. Nach langem Suchen zogen wir ab, fielen stumm auf unser Lager zurück, unter dem Nässe und Ekel lauerten, bis wir schliefen. Von da ab sprachen wir wieder, weil es einen Sinn hatte. Wir jungen Männer hätten uns vielleicht schämen können, einander Träume zu gestehen, in denen ein zärtlicher, elektrisch warmer Körper den Platz auf unseren Hälsen bewachte, in denen eine kleine Heldin der Trockenheit mit sauber duftendem Pelz die

stinkenden Dämonen der Unterwelt vertrieb. Aber wir waren durchaus bereit, eine Göttin aus ihr zu machen, von der für den Augenblick nicht einmal feststand, ob sie mehr sei als ein Wunschbild des Freiwilligen Moogk.
Doch in den nächsten Nächten wurde sie noch zweimal von anderen gesehen. Den Beschreibungen nach hätten wir von ganzen Katzenhorden umgeben sein müssen, soviel einander Widersprechendes wurde berichtet von diesem großen, winzigen, kohlschwarzen, weißen, bunten, gefleckten, riesigen, wunderbaren und überaus gewöhnlichen Tier. Unsere Zuneigung wurde Verehrung, sie drängte danach, sich in Tat zu erweisen. Von unserem miserablen Fett, unseren lächerlichen Fleischportionen wurden Stückchen zur Besänftigung der Göttin geopfert, auf sichtbaren Punkten, fern unserer profanen Behausung, in der Nacht ausgelegt. Anfangs blieben diese Altäre verworfen, wir waren ja allesamt Kains, wie hätte unser Opfer angenommen werden können? Aber dann gab es doch ein wenig Erbarmen, die geweihten Stücke fingen an zu verschwinden. Und manchmal umkreiste die

Einzige beim Hellwerden in weitem Bogen unser Loch, an dessen Ausgang wir erwartungsvoll harrten. Näher freilich kam sie nicht. Und sobald einer nur den Fuß hob, zuckte ihr mißtrauischer Kopf hoch, ein Blick voll unerträglicher Verachtung traf uns Bestürzte, in zwei Sprüngen war sie verschwunden.

Das ging so ein paar Tage. Die Ratten trieben es immer toller, ungestört dadurch, daß dicht neben ihnen von ihrer wilden Vernichtung durch eine strafende Gottheit geträumt wurde. Dann riefen uns die entschlossensten Kameraden zusammen, Menschen, in denen das Blut unerschrockener Medizinmänner noch nach Jahrtausenden lebendig war. Sie verlangten, daß man die Göttin eben zwingen müsse, zu uns herabzusteigen. Erst waren die Ansichten geteilt. Aber als Moogk, der erste Prophet des gemeinsamen Heilsglaubens, sich einverstanden erklärte, wurde die große kultische Treibjagd beschlossen.

Wir bildeten gegen Morgen eine weite Kette rings um das ehemalige Gasthaus, wohlversehen mit allerlei Dingen zum Lärmmachen. Einer der Medizinmänner hielt den Sack

bereit, in welchem die Ersehnte heimgeführt werden sollte. Noch sehe ich uns, wie wir dastehen im heraufwachsenden Licht. Wir sind aufgeregt, gespannt, unsere Blicke wechseln zwischen dem schlammigen Ziegelhaufen, der unser Ziel sein wird, und dem Gefreiten Moogk, der gleich das Zeichen geben muß. Er ragt in die feuchte Stille der Frühe wahrhaftig wie ein militanter Prophet. Jetzt hebt er den Arm – gleich wird er ihn senken: Aber da sackt er selber zusammen. Im gleichen Moment, sieben Uhr sechsunddreißig, fällt der Schlag eines Vernichtungsfeuers auf uns. Sekundengenau eingestellt, rast die britische Offensivmaschine los. Hundert Batterien hämmern. Wie ein Staubkorn ist unser herrlicher Augenblick zermahlen, vergessen. Die Einschläge reißen die Ziegeltrümmer noch einmal bis zum Grunde auf.
Wir rennen durch einen klirrenden Perlenvorhang, durch sirrende Splitter, noch im ungeheuren Aufheulen der ganzen Front spritzt dieser nahe Glasklang höhnisch um uns her. Ich stolpere über Ziegel, sehe im Liegen, daß nicht alle mehr nach unserm Loch zurücklau-

fen – einige waren wohl gleich gefallen oder verwundet. Gebückt springe ich weiter, falle als letzter in die Höhle. Wie ich eben die Klappe zuschlagen will, um die Illusion des Geschütztseins um ein paar lächerliche Bretter zu verstärken, fliegt ein weiches Ding mir unter den Händen durch, schaut mit flatternden Augen, die nirgendwo haften, von einem zum andern.

Zwischen uns sechs vorerst Geretteten liegt die Katze, ein zausig verkommenes Bündelchen. Die entfesselte Todesangst hat sie endlich zu uns getrieben, im Untergang gehören wir zueinander, aber niemand nähert sich ihr, keiner denkt jetzt mehr daran, wie herzlich, wie liebevoll er sie eben noch, vor Minuten, herangewünscht hat. Draußen zerbricht die Welt. In unseren trüben Blicken erlischt der letzte Gedanke. Dann haut der Lufthieb einer zerreißenden Granate die Tür auf. Wir sehen menschenähnliche Gestalten vorüberhasten. Man macht uns Zeichen. Als der Feuersturm für eine Minute nachläßt, folgen wir, hören vom befohlenen Rückzug in andere Stellungen.

Ich will, ich weiß selbst nicht recht wie und

warum, im letzten möglichen Augenblick die Katze auf den Arm und mit mir nehmen. Aber vor meiner ausgestreckten Hand weicht sie so wild zurück, daß ihr halber Körper über die Latten herunterrutscht. Das furchtbare Entsetzen in ihren Augen erregt mich sogar noch in diesem Moment. Aber nun ist keine Zeit mehr, etwas wiedergutzumachen. Mit einem würgenden Reuegefühl im Halse springe ich hinaus, schlage den Türdeckel zu, renne ums Leben.

Acht oder zehn Stunden später war der Angriff gebrochen, wir tasteten uns wieder vorwärts in die alte verwünschte Schlammstellung. Es war längst Nacht, ehe wir unser Rattenloch wiederfanden.

Als wir todmüde heranzottelten, packt mich plötzlich eine wilde ungeduldige Neugier. Ich wate den anderen voran, reiße den Verschlag auf, der fest verkeilt ist, leuchte hinein. Im Scheinkegel der Lampe grinst schmatzend eine Ratte, dreht sich gemächlich um und fällt ins Wasser.

Nun sind alle da. Wir leuchten in die Winkel. Vergebens. Wie auf Verabredung erlöschen

gleichzeitig die Laternen. Es wird kein Wort gesprochen. In trotzigem Schweigen strecken wir uns auf die Latten.
Lange Zeit liege ich regungslos. Endlich steigt der langsamere Takt des Schlafes in die Adern. Ich bin gleichgültig, betäubt, wie durch eine Injektion. Ganz zuletzt vorm Michvergessen werfe ich, wie stets seit Kindertagen, den Körper auf die andere Seite. Da spürt meine Schulter einen Druck.
Ich fasse hin. Fahre auf.
Und heule laut auf, im Einatmen der Luft, so jäh ist der Schreck, daß ich ihn nicht mehr bis zum Atemstopp zurückdämmen kann. Es wird überall Licht gemacht.
Ich halte einen kleinen, runden, weißen Schädel, glatt ist er, sauber poliert, wie von unzähligen Raspelstrichen. Und noch immer spüre ich hinter der Schulter jenen Druck.
Als nun die Lampen jede Ritze ausleuchten, liegen zwischen das Stroh verstreut lauter blanke kleine Knochen.
Wie ertappt auf einem ungeheuerlichen Betrug halte ich die blasse Kugel in den Händen, die in sichtbaren, langsamen Ausschlägen

zittern. Das einzige Mal in meinem Leben wirklich zittern, nicht zur Ruhe gezwungen werden können.
Einer sagt: »Und sie hat gar nicht kämpfen wollen . . .« Wir sehen uns an.
Und auf einmal laufen uns Tränen übers Gesicht.

Nacht

Noch vor zweihundert Jahren waren deutsche Richter von der menschenähnlichen Seelenhaftigkeit der Tiere so fest überzeugt, daß sie Hähnen und Hunden wegen Gotteslästerung den Prozeß machten. Erst der Mensch der Aufklärung empfand sich ganz als Krone und Gipfel der Schöpfung. Für Pietisten wie für Darwinisten war die unvollkommene Vorstufe zum *homo sapiens* die »arme Kreatur«, in deren Seele Unbegreifliches nicht gut gedacht werden konnte.

Inzwischen hat die Wissenschaft dieses bequeme Schema tief erschüttert und uns in völlige Ungewißheit über die Tierseele zurück- oder vorangestoßen. Tierpsychologen sind die bescheidensten aller Wissenschaftler.

Wenn der Kutscher Lehmann sein Pferd »altes Rindvieh« schimpft, ist er arg im Unrecht gegenüber den Ergebnissen vergleichender Experimente. Kamele sollen außergewöhnlich gescheite, Füchse ziemlich törichte Geschöpfe sein, der Esel »klug wie ein Pferd«, das Pferd ein Esel. Genug, wir kennen uns da nicht aus, der ursprünglich vielleicht vorhandene Instinkt dafür hat uns verlassen, Experimente können ihn uns nicht wiedergeben, uns bleibt nur der reine Nützlichkeitsstandpunkt gegenüber den Mittieren.

In der Tierpsychologie kann es keine Traumdeutung geben, weil die Tiere nichts erzählen können von etwa vorüberschwebenden Würsten, Hafermulden, Mäusen, Sexualsymbolen oder beängstigenden Attributen des Ödipuskomplexes. Auch die Reflexbewegungen ihrer schlafenden Körper sind zu vieldeutig. Sonst wäre es, falls Tiere träumen sollten, ja zu schön und passend für ein einhellig-optimistisches Weltbild, im unruhigen Scharren schlafender Pferde den Widerschein erträumter Bravourritte zu vermuten, das kuglig dösende Huhn noch im Traum mit der Bildung von Eiern beschäftigt zu wissen, im träumenden Hund den bequemen und vertrauten Don Quichotte der rastlosen Anhänglichkeit knurren zu hören.

Was ist dann aber mit der Katze, deren Schlaf ein Sich-Verlieren ist, fast ein Aus-dem-

Leben-Schwinden? Die mit den weltverlorenen Räkelbewegungen eines kleinen Menschen, mit verklebten Augen mißvergnügt ins Leben zurückerwacht?

Aber es könnte ja auch umgekehrt sein: Heimliche Wünsche spuken nachts in Ställen und Hürden, Schafe jagen bellend den Hund umher, Pferde hocken protzig auf ihren Reitern. Was freilich dann die Katze träumen sollte, vermöchten wir wieder nicht zu sagen, weil wir über ihr Tagwesen nicht Bescheid wissen. Weil sie von allen Tieren um uns am unabhängigsten geblieben ist, weil es absurd ist, bei ihr menschenartige und für Menschen verständliche Vorstellungen anzunehmen.

Wie alles an ihr, ist uns ihr Schlaf ein Rätsel. Er scheint uns, so maßlos tief er sein kann, zufällig und ganz unbestimmbar. Sie schläft zwischendurch, tags, abends, morgens, wenn sich gerade nichts Besseres bietet. Nachts, *wenn Tier' und Menschen schlafen feste*, geht ihr Leben an, von dem uns jeder Begriff fehlt.

Das drohende, verwerfliche, zwiespältige, dubiose Wesen der Katze rührt nicht zuletzt daher, daß sie sich nicht im mindesten an

die postalisch, polizeilich und moralisch als Geschäftszeit festgesetzten Tagesstunden hält. Ordnung ist die erste Menschenpflicht, die Katze aber ist ein ganz und gar unordentliches Wesen, ein unruhiges Element im Sinne menschlicher Obrigkeit.
Und die Nacht kennen wir nicht besser als die Katze. Das Dunkel regt uns auf, stachelt uns an, aber die Tagmoral so vieler Jahrtausende macht uns ängstlich. Noch der gewohnheitsmäßige Nachtbummler erkennt sie an, indem er auf ihre Durchbrechung stolz ist. Aber sicher war der Urmensch ebenso Nachttier wie Tagwesen. Und die nachts deutlicher als in der Sonne sehende Katze erinnert unsere Sehnerven an nächtliche Jagden in den Urwäldern vorgeschichtlicher Zeiten. Vielleicht ist unser ganzer Tagbetrieb der Erfolg unzähliger Generationen von Sonnenpriestern, die alte Nachtkulte ans helle Licht verlegten, wo sich die Schäflein besser übersehen ließen. Dann wäre der Dämmer katholischer Kirchen, wie alle Einrichtungen dieser genialen Organisation der unbewußten Bedürfnisse, ein wunderbarer Kompromiß mit tiefsten Atavismen.

Springt der Mensch aus dem gewohnten Rahmen seines eintönigen Lebens, liebt er, ist er verzweifelt, will er sich betrinken und betäuben, dann ist die Nacht sogleich seine Freundin. Klarheit und Frieden sucht er in ihr, der sonst das gleiche Odium leichter moralischer Unzulänglichkeit anhaftet wie der Katze.
Unheimlich ist ihm das im Dunkel sichere Tier. Nachts, wenn alle Katzen grau sind, kommt die Stunde der Hexen, der Diebe und der Lüsternen. Auf Hille Bobbes Schulter sitzt der Kater; der lautlos über den Dachfirst tauchende Fassadenkletterer erschrickt vor glosenden Augen; die Liebenden fahren entsetzt aus ihrer Umarmung, wenn der grausigherrliche Tierruf die Nacht zerreißt. Und um diese Stunde, da inmitten der Häuser voll erlernter, vorsichtiger, hingezogener, sachverständiger Erotik der furchtbare Schmerzensschrei ungezähmter Wollust erklingt, betritt mit gewohnheitsmäßig lüsterner Eile der Tanzschuh des Gents das strahlende Palais, das mit flirrender Lichtknallschrift in die Nacht höhnt: *Chat noir.*

Derby

Colonia Rivadavia, Argentinien, hat zweitausend Einwohner. Sie stellen Fleischextrakt her, und abends langweilen sie sich. In London leben acht Millionen. Sie haben wohl fünftausend verschiedene Berufe, aber abends langweilen sie sich auch. Dann gehen sie zum Rennen. Pferde vor Sulkys und Windhunde hinterm elektrischen Hasen rasen um die Wette, und darauf kann man wetten.
In Colonia Rivadavia gibt's dergleichen nicht. Ein smarter Mann dort beschloß, zur Behebung der Langeweile ein Katzenrennen (hinter vorausrollenden künstlichen Mäusen) zu veranstalten. Soviel war ihm immerhin klar: Katzen lassen sich nicht wie Whippets abrichten. So spannte er Drähte über eine Wiese, hundert Meter lang, die Katzen bekamen ein Halsband um, das durch eine Schnur mit den Drähten verbunden wurde. Und nun sollten die guten Leute auf den Katzenderbysieger wetten.
Es gab keinen. Denn als der Startschuß fiel

und die Boxen geöffnet wurden, spazierten die Renner gemächlich hervor, blickten sich empört und ablehnend um und legten sich, da sie nicht weglaufen konnten, mißmutig ins Gras. Von der kunstvollen Mäuse-Apparatur nahm keine von ihnen auch nur Kenntnis.
Ein einziger, pechschwarzer Kater schlenderte die Strecke entlang. Schon sah Señor José seinen Favoriten als Sieger. Aber auch er wurde enttäuscht. Nach einer Zeit von sechs Minuten siebzehn Sekunden machte der Rappe unmittelbar vor dem Ziel halt und legte sich schlafen.
Die Wetten wurden wohl zurückgezahlt.

Wasser

Mit Verachtung sagt der saubere, komfortable Mensch vom weniger propern, der sei ja wasserscheu wie eine Katze. Aber alle Katzen vermögen zu schwimmen und tun es zuweilen, auf Jagd oder um sich zu retten. Doch sie lieben nicht das zweifelhafte Element, in dem ein saubergelecktes Fell zausig und filzig wird. Eine Art Abkommen auf Gegenseitigkeit ist da mit im Spiel: Sie vermeiden es, den Blinkspiegel des Wassers im Sprung zu brechen, damit es ihren blanken Fellspiegel nicht trübe.
Wurde die Ähnlichkeit von Katze und Wasser schon beobachtet? Seltsam fangen uns beide, bezaubern, ohne etwas zu tun, ohne sich zu regen, durch die Gespanntheit ihrer Ruhe. Öl schläft wirklich, als könne es nie brennen; ein Esel schläft wahrhaftig, obgleich er uns, wenn wir ihn weckten, vielleicht einen Tritt versetzte. Die Katze aber atmet noch im Schlaf zitternde Drohung aus, die dem Betrachter an die Kehle steigt, ihn verwirrt und zu unbewußten Zärtlichkeiten verführt oder auch zu

uneingestandenem Haß. Und er weiß nicht recht, warum.
Ganz so zieht uns das ruhigste Wasser noch in der sanftesten Mondnacht, weiche Gefahr, Nixe der Märchen. Wäre Undine kein Wasserweib, sie hätte eine weiße Kätzin sein können. Den erregten Wellen aber, die mit spielerischen Krallen um sich schlagen, ähnelt das Gewoge durcheinandergleitender Katzen: ein unruhiger See inmitten der festen Landschaft des Hausrats.
Gottfried Keller – nicht nur Seldwyler, Stadtbürger, Hügelbürger, sondern vor allem auch Mensch am See – nannte in sinnreicher Eingebung jenen Kater: Spiegel. Wie sich der biederen Menschen Stadt Zürich im spitzzüngelnden See spiegelt, so spiegelt sich der gleich Shylock vertragspatzige Hexenmeister Pineiß im freien, abenteuernden, noblen, rachsüchtigen Kater Spiegel.
Es heißt, ein Spiegel könne nicht lügen. Unser Spiegel Katze lebt unter uns. Wir können ihn nicht ändern, nicht beeinflussen. Er ist ungebunden, ohne Vertrag mit uns, wenn wir ihn auch für verpflichtet halten, uns Mäuse vom

Halse zu schaffen oder sentimentalen Vogelsang nicht zu stören. Im ganzen sind wir in seinen Augen jedenfalls nicht, wie in denen des Hundes, allmächtige Götter (die nur der Atheist beißt), sondern sehr große, fremde, schlechtrassige Tiere, mit denen man nur bei sorgsamster Vorsicht paktieren kann. Kühl bis ans Herz hinan, den Wasserdamen gleich, bleibt die süßeste, weichste Katze. Ihre Zärtlichkeit ist eigentlich nur Wärmebedürfnis, ihre Hingabe Bequemlichkeit, es gehört schon unsre ganze Weltangst dazu, das umzudeuten.

Wie uns auch ihre rätselhaft vertraute Fremdheit anzieht – für uns verlorene Tiere bleibt das heißeste Geschöpf ein kühler Gefährte. Schau ihr in die Augen: Kühl wägend begegnen sie unserer Anschmiegsamkeit, wir kommen mit allem Streicheln und Zärteln doch nie in den wirklichen Genuß ihres weichen Körpers. Angstvoll wie in unergründliches Wasser starren wir in den Spiegel unserer Verlassenheit und frieren.

A LA BODINIÉRE
18 RUE S. LAZARE
EXPOSITION
de l'œuvre
dessiné
et peint de
T.A. Steinlen
DU 10 AVRIL AU 15 MAI
1894

Biographische Notiz

Axel Eggebrecht, geboren 1899, Studium der Germanistik und Philosophie. Politisch engagierter Journalist, Kritiker und Schriftsteller. 1933 verhaftet und im Konzentrationslager. 1945–49 Abteilungsleiter beim Norddeutschen Rundfunk. Lebt in Hamburg. Veröffentlichte Essays, Erzählungen, Hörspiele, Reportagen.

Théophile-Alexandre Steinlen, 1859 in Lausanne geboren. Nach dem Studium 1879 Musterzeichner in einer Manufaktur in Mühlhausen. Seit 1881 in Paris, wo er bis zu seinem Tod, 1923, als Zeichner lebte. Neben zeitkritischen Zeichnungen hat er sich von Anfang an mit der Darstellung von Katzen beschäftigt. 1882 erste Illustrationen in der Zeitschrift »Le Chat Noir«. Veröffentlichte 1899 bei Flammarion ein Katzenbuch.

In gleicher Ausstattung:

Japanische Lyrik
Übertragen von
Manfred Hausmann
157 Seiten. Leinen

Neapel
»... Da fiel kein Traum herab
... Da fiel mir Leben zu ...«
Hg. von Fabrizia Ramondino
und Andreas F. Müller
264 Seiten. Leinen

Revolutionsgedichte
Von Hölderlin bis Fried
Hg. von Thomas Rietzschel
143 Seiten. Leinen